Bilimin Patlama Çağı

Curie
ve Radyoaktivitenin Bilimi

Ian Graham
Resimleyen: **David Antram**

Çeviri: **Cengiz Adanur**

TÜBİTAK
POPÜLER BİLİM KİTAPLARI

İçindekiler

Giriş	5
Polonyalı Kız	6
Görünmeyen ışınlar	8
Gizemli element	10
Sihirli karışım	12
Radyumu tanıma	14
Radyum çılgınlığı	16
Kabarcıklar ve yanıklar	18
Buluşun dünyaya yayılması	20
Trajedi!	22
"Minik Curie'ler"	24
Amerika'ya hoş geldiniz	26
Hikâyenin sonu	28
Sözlük	30
Dizin	32

Bilimin Patlama Çağı

Curie
ve Radyoaktivitenin Bilimi

Ian Graham

Resimleyen: **David Antram**

TÜBİTAK POPÜLER BİLİM KİTAPLARI

TÜBİTAK Popüler Bilim Kitapları 915

Bilimin Patlama Çağı - Curie ve Radyoaktivitenin Bilimi
The Explosion Zone - Curie and the Science of the Radioactivity
Ian Graham
Resimleyen: David Antram

Çeviri: Cengiz Adanur
Redaksiyon: Bilge Nihal Zileli Alkım
Tashih: Ömer Akpınar

Curie and the Science of the Radioactivity © The Salariya Book Company Limited, 2004
Türkçe Yayın Hakkı © Türkiye Bilimsel ve Teknolojik Araştırma Kurumu, 2014

Bu yapıtın bütün hakları saklıdır. Yazılar ve görsel malzemeler,
izin alınmadan tümüyle veya kısmen yayımlanamaz.

TÜBİTAK Popüler Bilim Kitapları'nın seçimi ve değerlendirilmesi
TÜBİTAK Kitaplar Yayın Danışma Kurulu tarafından yapılmaktadır.

ISBN 978 - 605 - 312 - 184 - 8

Yayıncı Sertifika No: 15368

1. Basım Temmuz 2019 (12.500 adet)

Genel Yayın Yönetmeni: Bekir Çengelci
Mali Koordinatör: Adem Polat
Telif İşleri Sorumlusu: Dr. Zeynep Çanakcı

Yayıma Hazırlayan: Muhammed Said Vapur
Sayfa Düzeni: Elnârâ Ahmetzâde
Basım İzleme: Duran Akca

TÜBİTAK
Kitaplar Müdürlüğü
Akay Caddesi No: 6 Bakanlıklar Ankara
Tel: (312) 298 96 51 Faks: (312) 428 32 40
e-posta: kitap@tubitak.gov.tr
esatis.tubitak.gov.tr

Başak Matbaacılık ve Tanıtım Hizmetleri Ltd. Şti.
Macun Mahallesi Anadolu Bulvarı No: 5/15 Gimat Yenimahalle Ankara
Tel: (312) 397 16 17 Faks: (312) 397 03 07 Sertifika No: 12689

Giriş

Marya Sklodovska, 7 Kasım 1867 tarihinde o dönem Rusya tarafından yönetilen Polonya'nın Varşova kentinde dünyaya geldi. Rus yetkili makamları Varşova okullarında laboratuvar çalışmalarını yasaklayınca Marya'nın öğretmen olan babası laboratuvar araç gereçlerini eve getirdi. Marya böylece bilime erken yaşta ilgi duymaya başladı.

Daha sonra evlenen ve Marie Curie olarak bilinen Marya Sklodovska, dünyanın en meşhur ve en önemli bilim insanlarından biri olacaktı. Olağanüstü buluşlar yapan Curie, bunları kadınların çok nadir olarak ileri düzeyde bilimle ilgilenebildikleri ya da bilim insanı olarak çalışabildikleri bir dönemde yaptı. Daha önce hiçbir kadına verilmemiş ödüller aldı. En çok önem verdiği işi yapmak için büyük zorlukların üstesinden geldi. Çalışmaları sonucunda büyük paralar kazanabilirdi ancak o buluşlarını bilimin yararına kullanmayı tercih etti. Tuhaf davranışlı yeni malzemeler keşfetti. Bu malzemeleri inceleyerek yaptığı çalışmalar yepyeni bir bilim dalının oluşmasına, nükleer enerji santrallerine, radyasyonla kanser tedavisine ve atomların anlaşılmasına öncülük etti.

Polonyalı Kız

İleride Marie Curie olarak tanınacak kız çocuğu Marya Sklodovska, babasının evde bulunan laboratuvar araç gereçleriyle büyüdü. Muhtemelen bilime ilgisini bu araç gereçler tetiklemişti. Okulda oldukça parlak bir öğrenciydi. Üniversitede tıp okumak istiyordu fakat Varşova'da bu mümkün değildi. Yaşadığı yerden ayrılması gerekiyordu.

Öğrenimine devam etmek için 1891 yılında Paris'e gitti ve kendisine Marie adını verdi. Diğer öğrencilere yetişebilmek için çok fazla çalışması gerekiyordu. Çok sıkı çalışarak fizik ve matematik bölümlerinden mezun olmayı başardı. Daha sonra Pierre Curie adında bir bilim insanıyla tanıştı. Pierre ve Marie bir yıl içinde evlendiler. Marie bilim alanında doktora derecesi almak için öğrenime devam etme kararı verdi. Bu, Avrupa'da hiçbir kadının daha önce yapmadığı bir şeydi.

ÖZEL DERS

Marya öğrenimine devam etmek üzere Paris'e gitmeden önce varlıklı ailelerin çocuklarına özel ders vererek hayatını kazanıyordu.

EVLİLİK

Pierre ve Marie 26 Temmuz 1895 tarihinde Paris'te evlendiler. Yazın geri kalanını bisikletleriyle şehir turu yaparak geçirdiler.

İşte Bilim

Atomlar

Atomlar

19. yüzyılın sonunda yaşayan bilim insanları her şeyin atomlardan oluştuğuna inanıyordu. Maddenin en basit parçacığının atom olduğunu ve atomun daha küçük parçacıklar oluşturmak üzere bölünemeyeceğini düşünüyorlardı.

Şimdi neler olduğunu anlıyorum baba.

Görünmeyen ışınlar

Marie'nin doktorasını hangi alanda yapacağına karar vermesi gerekiyordu. Son dönemde yapılan iki keşif ilgisini çekiyordu. Wilhelm Röntgen ve Henri Becquerel adındaki bilim insanları gizemli ışınlar keşfetmişti. Röntgen'in keşfettiği ışınlara daha sonra x ışınları adı verildi. Bu ışınlar insanın içinden geçebiliyor ve kemiklerinin gölgesinin resmini oluşturabiliyordu. Röntgen X-ışınıyla eşinin elinin fotoğrafını çekmişti. Becquerel ise uranyum denilen bir malzemenin fotoğraf filmlerini koyulaştıran ışınlar yaydığını keşfetmişti. Çoğu bilim insanı X-ışınlarıyla daha fazla ilgilenmiş olsa da Marie, uranyum ışınlarıyla çalışmayı tercih etti. Onun bu kararı, bilim tarihini değiştirecekti.

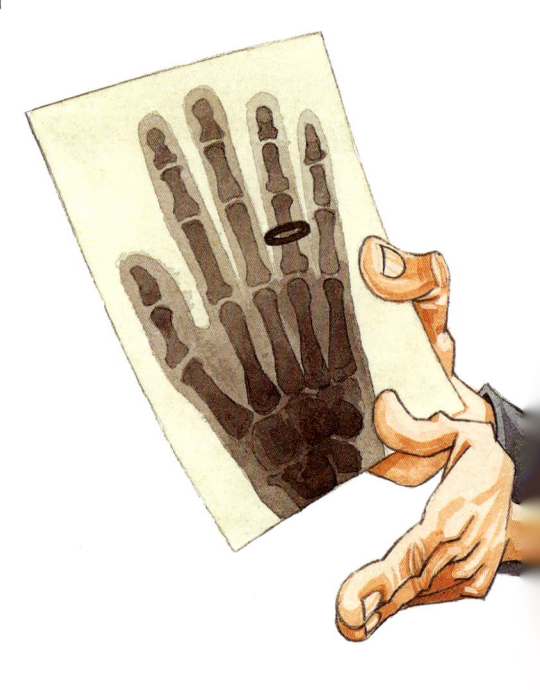

Becquerel'in uranyum ışınları

BECQUEREL bir parça uranyumu ışığı engellemek için kâğıda sarılmış fotoğraf filminin üzerine yerleştirdi.

BİR SÜRE SONRA karanlıkta filmi açtı ve banyo işleminden geçirdi.

FİLMİ yukarı, ışığa doğru tuttuğunda uranyumun daha önce bulunduğu orta kısımda siyah bir leke gördü.

"Bak canım, X-ışınlarının gizemi böyle bir şey işte."

İşte Bilim

Rutherford'un atom modeli

Bazı bilim insanları, atomların elektron denilen eksi yüklü parçacıklar barındırıyor olabileceğini düşünüyordu.

1907 yılında Ernest Rutherford'un yürüttüğü deneyler, atomların merkezde artı yüklü küçük bir çekirdek ve bunu çevreleyen eksi yüklü elektronlardan oluşabileceğini gösterdi. Elektronlar çekirdeğin etrafında dönüyordu.

Elektronlar

Çekirdek

KURŞUNDAN İÇ ÇAMAŞIRI

İnsanlar X-ışınları hakkında bilgi sahibi olduklarında bazıları, X-ışını yayan bir aletle kıyafetlerinin altının görülebileceğinden korktu. Bunlar arasında, ışınları engellemek için kurşun iç çamaşırı giyenler oldu.

Kurşundan iç çamaşırı

Gizemli element

Marie Curie, gizemli ışınlar yayan tek malzemenin uranyum olup olmadığını merak ediyordu. Bunu öğrenmek için yüzlerce farklı malzemeyi denemesi gerekiyordu. Diğer bilim insanları materyallerin fotoğraf filmini koyulaştırıp koyulaştırmadığını test ederek bu denemeleri yapıyordu. Marie daha doğru ve daha hızlı olan bir yöntem seçti. Tüm malzemeleri kocasının icat ettiği elektrometre denilen bir aletin içinden geçirdi. Malzemenin yol açabileceği ışıma, elektriğin alet içinden geçişini kolaylaştırıyordu.

Bu çok ilginç Marie!

Elektrik akımının büyüklüğü ışıma gücünü gösteriyordu. Testlerin birçoğu herhangi bir sonuç vermese de toryum elementi içeren malzemeler uranyum gibi ışınıma yol açtı. Marie, bu malzemelerin ışınım yayan davranışları için yeni bir isim buldu: radyoaktivite.

İşte Bilim

Bohr atom modeli

Elektron yörüngeleri
Çekirdek

Danimarkalı bilim insanı Niels Bohr, Rutherford'un atomla ilgili düşüncelerini inceledi ve geliştirdi. Bohr, elektronların çekirdek etrafında rastgele cirit atmak yerine bir gezegenin yörüngesindeki uydular gibi çekirdekten belirli uzaklıklarda hareket edebileceği düşüncesini ortaya koydu.

Uranyum

URANYUM CEVHERİ

Marie Curie'nin denediği malzemelerden biri de uranyum cevheriydi. Uranyum içeren bu malzeme, uranyumdan daha güçlü ışınıma yol açıyordu. Cevherde ışınıma neden olan başka bir şey olmalıydı. Marie iki yeni element buldu. Bu elementlerden birine, kendi vatanı Polonya'yı çağrıştıracak şekilde "polonyum", diğerine ise Latince bir kelime olan ve "ışık" anlamına gelen "radius"tan türettiği "radyum" ismini verdi.

Uranyum cevheri

Sihirli Karışım

Marie ve Pierre'in çok daha fazla radyuma ihtiyaçları vardı fakat uranyum cevheri satın alamayacakları kadar pahalıydı. Ne var ki, bol miktarda radyoaktif malzemeye sahip olan Avusturya hükümeti, onlara bir ton kadar uranyum cevheri verdi ve daha fazlasını ucuza satın almalarına imkân sağladı. Çatısı akan eski bir kulübede çalışıyorlardı. Yağışlı havalarda araç gereçlerini yağmurdan korumak için nereye koyduklarına dikkat etmeleri gerekiyordu. Uranyum cevherini ayrıştırıp radyoaktif kısmı saf hâlde elde etmek için cevheri asit ve diğer kimyasallarla birlikte kaynattılar. Kulübe kısa sürede duman ve buharla doluyordu, bu nedenle olabildiğince dışarıda çalışıyorlardı. Kısa süre sonra, uranyum cevherini işleyerek elde ettikleri sıvı ve katıları içeren kavanozlarla rafları dolmuştu. İhtiyaç duydukları az miktarda radyumu üretmek için tonlarca uranyum cevheri gerekiyordu.

"Orada neredeyse yarım gram radyum olmalı!"

İşte Bilim

Radyoaktif bozunma

Çekirdek

Marie Curie radyum elementinin ışık yayan tuhaf davranışını tanımlamak için radyoaktivite kelimesini ortaya attığında kimse bunun ne anlama geldiğini bilmiyordu. İleri sürülen görüşlerden biri, bunun atomun ortasında yer alan çekirdekten dışarıya fırlayan enerji ya da parçacıklar olabileceğiydi.

"Pierre bir süreliğine işleri değiştirmek ister mi acaba?"

SONU GELMEYEN KARIŞTIRMA

Marie uranyum cevheri ve kötü kokulu kimyasallardan oluşan sihirli karışımını karıştırırken Pierre, Marie'nin elde ettiği çeşitli katı ve sıvıları test ediyordu.

Radyumu tanıma

Marie, radyumu incelerken bunun ışınımının uranyumunkinden iki milyon kat daha güçlü olduğunu fark etti. Radyum, sonradan radon olarak adlandırılan radyoaktif bir gaz yayıyordu. Aynı zamanda ısı veriyor ve karanlıkta kitap okumayı mümkün kılacak kadar parlıyordu. Yakınındaki cisimleri de parlatıyordu. Özellikle elmas, radyumun yakınında çok iyi parlıyordu. Tıpkı uranyum gibi bu da fotoğraf filmlerini koyulaştırıyordu. İçine konduğu cam şişelerin rengini değiştiriyor, şeffaf camı mora dönüştürüyordu. Radyum, Marie Curie'nin elbiseleri de dâhil olmak üzere etrafındaki malzemeleri radyoaktif hâle getiriyordu.

SICAK MADDE
Radyum o kadar fazla ısı veriyordu ki soğuk suyun içine atıldığında suyu kaynatabiliyordu (solda)!

ORTAMI ISITMA
Marie'nin kulübesi genellikle buz gibiydi. Küçük bir radyum şişesinden gelen ısı bile çok değerliydi.

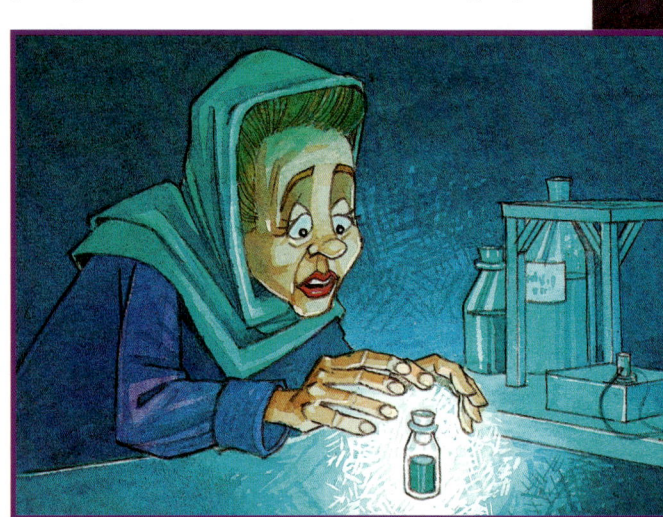

İşte Bilim

Alfa, beta, gama

Atomlar alfa, beta ve gama denilen üç çeşit ışınım yayar. Alfa ve beta ışınımları parçacıktır. Gama ışınımı ise radyo dalgaları ve ışık dalgaları gibi bir dalgadır.

Beta parçacığı

Çekirdek — Alfa parçacığı

Geçişi alüminyum ile durdurulabilir.

Geçişi kâğıt ile durdurulabilir.

Çekirdek — Gama ışını

Geçişi kurşun veya beton ile durdurulabilir.

"Bu malzeme dünyayı değiştirecek!"

Radyum çılgınlığı

Radyum haberi yayılmaya başladığında herkes büyülenmiş gibiydi. Gazeteler ve dergiler, bu parlak sıvının acıları dindirebileceğini, tüm hastalıkları iyileştirebileceğini, şaşırtıcı makineleri çalıştırabileceğini ve hatta müthiş gücüyle tüm bir şehri yok edebileceğini iddia ediyordu. Radyum içeren ilaçlar çok geçmeden raflarda yerini aldı. Bu, insanların radyumun ne kadar tehlikeli olduğunu fark etmelerinden birkaç yıl önceydi. Marie ve Pierre, yaptıkları çalışmalar yüzünden hasta olmuşlardı. Kilo kaybetmişlerdi; elleri radyum ve diğer radyoaktif malzemelerle doğrudan temas ettiği için yaralarla dolmuştu.

RADYUM Mucizesi

Bu akşam ışıltılı görünüyorsunuz!

MUCİZE İLAÇ
İnsanlar radyumun hastalıkları tedavi edebilecek mucize bir ilaç olduğuna inanıyorlardı. Kısa süre sonra radyumlu ilaçlar satın almaya başladılar.

RADYUM PARTİLERİ

Bazı kızlar, karanlıkta parlaması için tırnaklarını radyum ile boyuyordu! Hatta bazen parlaması için içeceklerine radyum karıştırıyorlardı. Radyumdan yayılan ışınımın ne kadar zararlı olduğu ve kendilerine ne şekilde zarar verebileceği hakkında hiçbir fikirleri yoktu.

"Ben de tırnaklarımı boyadım!"

İşte Bilim

İzotoplar

Bilim insanları, aynı elementin, bazıları diğerlerinden daha ağır olan farklı formları olduğunu keşfetti. Bu farklı formlara izotop denir. Hidrojen atomunun; çekirdeğinde bir, iki ve üç parçacık bulunan üç izotopu vardır.

Elektron
Proton

1 Proton
1 Notron

1 Proton
2 Notron

TEHLİKE!

Saat kadranlarını boyayan kızlar, uçlarını düzleştirmek için fırçalarını çoğunlukla dudaklarının arasına yerleştiriyordu. Dişleri dökülmeye başladığında, doktorlar sorunun radyumdan kaynaklandığını anladı.

Kabarcıklar ve yanıklar

Bazı bilim insanları radyoaktif malzemelerin zararlı olabileceğini fark etmişti. Bu malzemeler yanıklara neden olabiliyordu. Cebinde bir miktar radyum taşıdıktan sonra Henri Becquerel'in vücudunda yanıklar oluşmuştu. Marie Curie de radyum yüzünden yanmıştı, üstelik madde metal bir kutuda olduğu hâlde! Pierre kendi üzerinde çok tehlikeli bir deney yaparak radyumun etkilerini inceledi. Kolunun üzerine bir miktar radyum koydu ve sonra bunun derisine neler yaptığını izledi. Radyumun hücreleri öldürme özelliğinin bazı hastalıkları tedavi etmek için kullanılıp kullanılamayacağını merak ediyordu. Belki de radyum, hücrelerin kontrolsüz bir şekilde çoğalmasına yol açan kanseri tedavi edebilirdi. Doktorlar bunu denediğinde işe yaradı. Bilinen adıyla radyoterapi, günümüzde de bazı kanser hastalıklarını tedavi etmede kullanıyor.

Bilim uğruna yapmadığım şey kalmadı!

KISA SÜRE SONRA

Pierre kolunun üzerine bir miktar radyum koydu. Derisi yanmış gibi kırmızıya dönüşmeye başlasa da bu değişim çok acı verici değildi.

KIRMIZILIK takip eden birkaç gün içinde daha kötü bir hâle geldi. Yirminci güne gelindiğinde kırmızı derinin üzerinde kabuk oluşmuştu.

YARA giderek daha kötüye gitti ve açık bir yaraya dönüştü. O kadar kötüydü ki bandajla kapatılması gerekiyordu.

SONUNDA

42. günde yaranın üzerinde yeni deri oluşmaya başladı. On gün sonra iyileşti fakat tuhaf gri bir renkte görünüyordu.

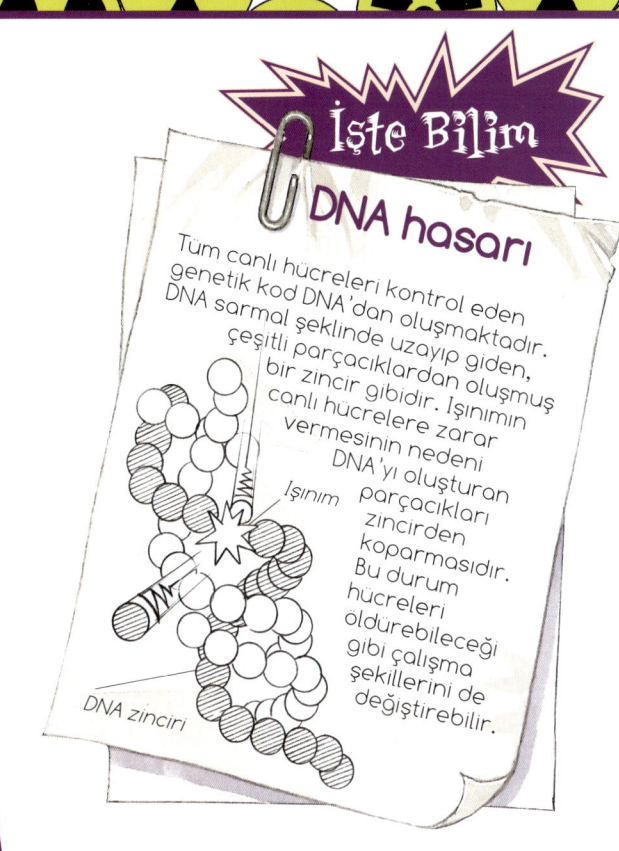

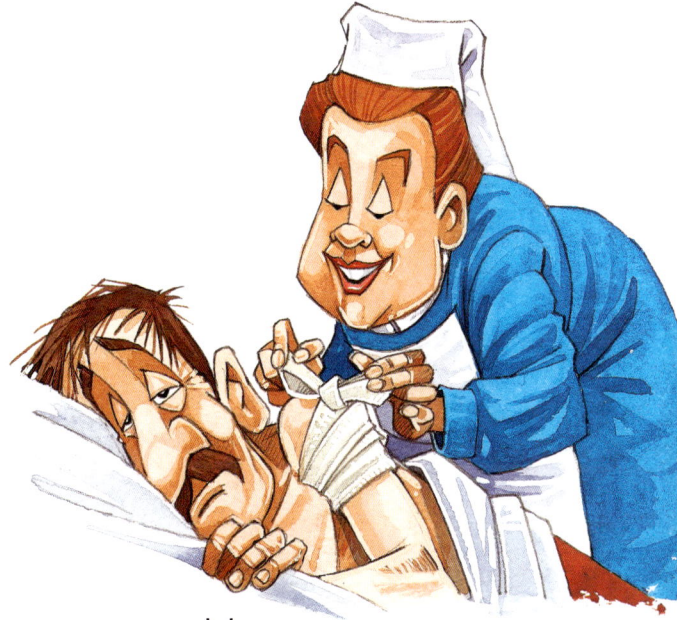

İşte Bilim
DNA hasarı

Tüm canlı hücreleri kontrol eden genetik kod DNA'dan oluşmaktadır. DNA sarmal şeklinde uzayıp giden, çeşitli parçacıklardan oluşmuş bir zincir gibidir. Işınımın canlı hücrelere zarar vermesinin nedeni DNA'yı oluşturan parçacıkları zincirden koparmasıdır. Bu durum hücreleri öldürebileceği gibi çalışma şekillerini de değiştirebilir.

Işınım

DNA zinciri

KANSER TEDAVİSİ

Radyumdan toplanan radyoaktif radon gazıyla dolu küçük cam tüpler kanser hastalarını tedavi etmek için kullanıldı. Işınım kanserli hücreleri öldürüyordu.

Buluşun dünyaya yayılması

Marie ve Pierre 1903 yılında İngiltere'nin önde gelen bilim insanlarının oluşturduğu çok önemli bir kuruluş olan Kraliyet Akademisi'nde çalışmaları hakkında bir konuşma yapmak için Londra'ya davet edildiler. O dönemde, kadınların Kraliyet Akademisi'nde konuşma yapmalarına izin verilmiyordu. Pierre konuşmasını yaparken Marie izlemek zorundaydı. Marie, burada yapılan bir toplantıya katılmasına izin verilen ilk kadındı! Pierre radyum hakkında bulduklarını her şeyi açıkladı. Beraberinde bir miktar radyum getirdi ve bunu kullanarak radyumun tuhaf etkilerini gösterdi. Yapılan bu konuşmaya ait haberler Curie çiftini İngiltere'de meşhur etti.

1903 yılının sonunda, Henri Becquerel'e ve Curie çiftine, dünyanın en önemli bilim ödüllerinden biri olan Nobel Fizik Ödülü verildi. Ne yazık ki Marie, İsveç Kralı'ndan ödülünü almak üzere Stockholm'e yapılacak 48 saatlik yolculuğa katlanamayacak kadar hastaydı. Çok sayıda ödül ve şeref madalyası bunu takip etti.

PIERRE HASTA DÜŞÜYOR

Pierre, Kraliyet Akademisi'ndeki konuşmasından önce radyoaktivite zehirlenmesinden dolayı o kadar hastaydı ki güçlükle giyinebiliyordu. Konuşması sırasında parmaklarındaki yaralardan dolayı çok kıymetli olan radyumun bir kısmını yere dökmüştü.

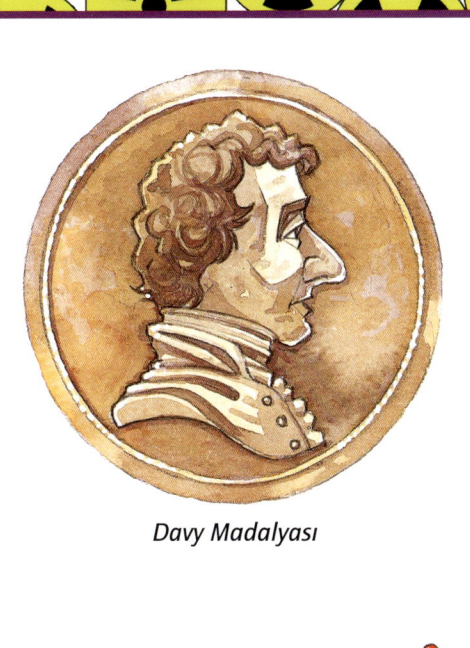

DAVY MADALYASI

Curie çiftine çalışmaları için verilen birçok ödül arasında Kraliyet Akademisi'nin Davy Madalyası da vardı. Bu madalya, kimya alanındaki en önemli buluş sahiplerine verilmektedir.

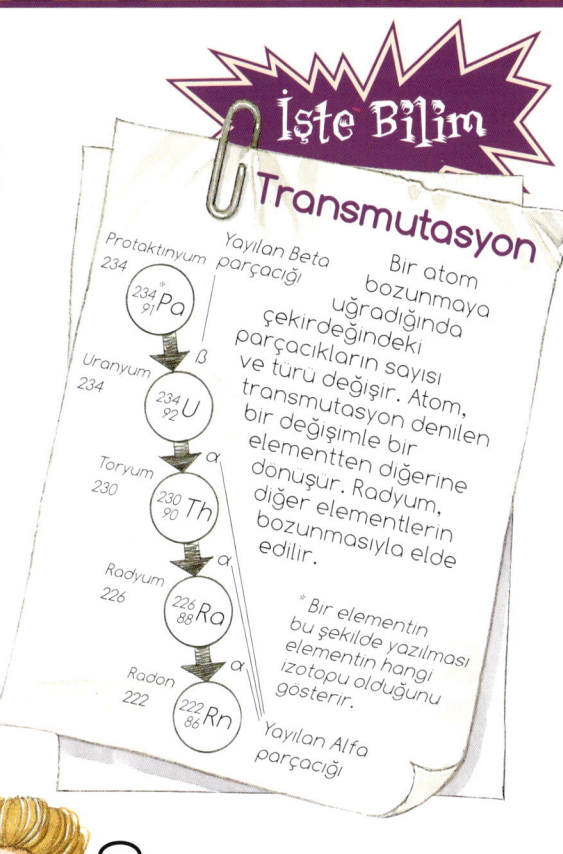

Davy Madalyası

İşte Bilim

Transmutasyon

Bir atom bozunmaya uğradığında çekirdeğindeki parçacıkların sayısı ve türü değişir. Atom, transmutasyon denilen bir değişimle bir elementten diğerine dönüşür. Radyum, diğer elementlerin bozunmasıyla elde edilir.

Protaktinyum 234 — $^{234}_{91}Pa$ — Yayılan Beta parçacığı β

Uranyum 234 — $^{234}_{92}U$ — α

Toryum 230 — $^{230}_{90}Th$ — α

Radyum 226 — $^{226}_{88}Ra$ — α

Radon 222 — $^{222}_{86}Rn$ — Yayılan Alfa parçacığı

* Bir elementin bu şekilde yazılması elementin hangi izotopu olduğunu gösterir.

Bir sürü para boş yere harcandı!

DAVETLER

Marie ve Pierre, önemli ve varlıklı insanlarla birlikte yemek yemeğe davet ediliyordu. Yemekte sık sık misafirlerin üzerindeki çok sayıda mücevheratla laboratuvarları için ne çok araç gereç alabileceklerini düşünürlerdi.

Trajedi!

19 Nisan 1906 tarihinde trajik bir olay gerçekleşti. Pierre karşıdan karşıya geçerken bir at arabası ona çarpıp üzerinden geçti. Pierre olay yerinde yaşamını yitirdi. Marie çok üzülmüştü. Pierre ölmeden önce Paris Üniversitesi'ne bağlı Sorbonne'da öğretim üyesi olarak çalışıyordu. Sorbonne, Marie'ye Pierre'in yerini almasını önerdi. Marie bu öneriyi kabul etti ve böylece Sorbonne'daki ilk kadın öğretim üyesi oldu. Daha sonra Paris Üniversitesi ve Pasteur Enstitüsü, başında Marie'nin bulunduğu bir radyoaktivite laboratuvarı içeren Radyum Enstitüsü'nü kurmak için birlikte çalışma kararı aldı.

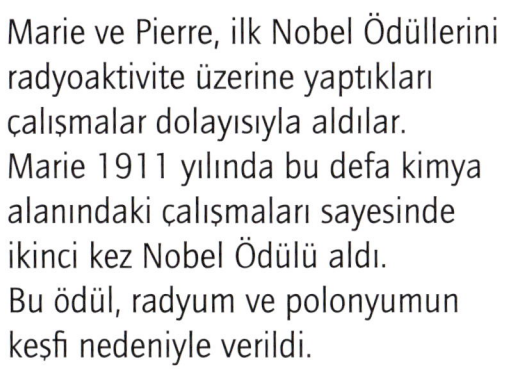

Marie ve Pierre, ilk Nobel Ödüllerini radyoaktivite üzerine yaptıkları çalışmalar dolayısıyla aldılar. Marie 1911 yılında bu defa kimya alanındaki çalışmaları sayesinde ikinci kez Nobel Ödülü aldı.
Bu ödül, radyum ve polonyumun keşfi nedeniyle verildi.

İşte Bilim

Radyasyon ölçümü

Ölçüm yapmak için metre ve kilogram gibi birimlerin olması gerekir. Radyoaktivitenin ölçümü için yeni birimlere ihtiyaç vardı. Bu birimlerden birine Marie'nin adını yaşatmak için "curie" ismi verildi. Bir curie, saniyede 37 milyar atomik bölünmenin gerçekleştiği radyoaktif element miktarına karşılık gelir.

Duuur!

DERS

Marie ve bazı arkadaşları küçük çocuklara ders verirlerdi. Marie'nin kızı Irene diğer öğrencilerle birlikte dünyanın en önemli radyoaktivite uzmanından dersler almıştı!

"Minik Curie'ler"

Radyum Enstitüsü 1914 yılında yeni adıyla Pierre-Curie Caddesi üzerinde tamamlandı. Fakat Marie, enstitüye yerleşemedi. Birinci Dünya Savaşı başlamış, Curie'nin çalışanları orduya çağrılmıştı. Marie, Almanların eline geçmesin diye Fransa'nın sahip olduğu tüm radyumu Paris'in dışına çıkardı ve trenle Bordeaux'ya götürdü. Daha sonra birkaç kamyonete röntgen ekipmanlarını doldurarak kızı Irene ile birlikte cepheye doğru yola koyuldu. Fransız askerleri kamyonetlere "minik Curie'ler" adını verdi. Curie, yaralı askerlerin röntgenlerini çekerek doktorlara yardım etti. 1918 yılında savaş sona erdikten kısa bir süre sonra Radyum Enstitüsü'ne gidebildi.

Hayır tatlım, bu benim beslenme çantam değil.

İşte Bilim

X-ışınları

elektronlar — *X-ışınları*

X-ışınları, çok hızlı hareket etmekte olan elektronların sert bir malzemeye çarparak aniden durmasıyla ortaya çıkar. Elektronların bu hareketi bir anda radyo dalgalarına benzeyen ancak radyo dalgalarından çok daha kısa olan enerji dalgalarına dönüşür. Bu dalgalar o kadar fazla enerji yüklüdür ki insan vücudu dâhil bazı cisimlerin içinden geçebilirler.

SAVAŞ MÜCADELESİ

Hükümet, insanlardan savaş için altın ve gümüşlerini vermelerini istedi. Marie kendi madalyalarını bağışlamak istese de görevliler bunu kabul etmedi.

Amerika'ya hoş geldiniz

Marie 1920 yılının Mayıs ayında bir Amerikan dergisinin editörü olan William Brown Meloney'e bir söyleşi verdi. Marie radyuma ne denli ihtiyaç duyduğunu söyleyince Meloney, ihtiyaç duyduğu radyumu ona sağlamak için Marie Curie Radyum Kampanyası'nı başlattı. Fransa ülkenin en önemli ödülü olan Şeref Nişanı'nı Curie'ye vermek istedi fakat Curie bunu kabul etmedi. O, daha fazla ödül yerine daha iyi bir laboratuvar istiyordu. Kalabalığı ve toplum önünde olmayı sevmemesine rağmen 1921 yılında bir Amerika turuna çıkmaya razı edildi. Tur, büyük bir başarıyla sonuçlandı. Amerikan Başkanı Warren Harding, kendisiyle görüştü ve ona fazla miktarda radyum verdi. Birçok kimse de yardımda bulunmak istedi. Curie Paris'e radyum, ekipman ve parayla geri döndü. 1929 yılında Amerika'ya ikinci bir tur daha gerçekleştirdi ve yeni Başkan Herbert Hoover ile görüştü. Bu tur, kendisine Varşova'da kız kardeşi Bronya tarafından idare edilecek olan ikinci bir Radyum Enstitüsü'nün kurulmasına yetecek kadar radyum sağladı.

AĞRI SIZI

Amerika'ya vardıktan sonra çok sayıda insanla tokalaşmaktan dolayı Marie'nin kolu ağrımaya başlamış ve kolunu sarmak zorunda kalmıştı.

İşte Bilim
Yarı ömür

1620 yıl   1620 yıl

Bazı elementler diğerlerinden daha hızlı bozunur. Bozunma hızı, bir elementin yarı ömrüyle yani elementin yarısının bozunması için geçen süreyle belirlenir. Yarı ömür bir saniyeden kısa olabileceği gibi bin yıldan uzun da olabilir. Radyum izotoplarından birinin yarı ömrü 1620 yıldır.

Amerika'ya hoş geldiniz!

DERECELER

Amerika'nın dört bir yanındaki üniversite ve yüksekokullar Marie'ye onur belgeleri verdi. Kendisi bu belgeleri almaya gidemeyecek kadar hasta olduğundan kızları Irene ve Eve belgeleri onun adına kabul etti.

Hikâyenin sonu

Marie'nin sağlığı yıllar geçtikçe kötüye gitti. Ellerinde acı verici yanıklar oluştu. Kendini yorgun hissediyordu. Sıklıkla ateşi yükseliyor ve üşütüyordu. Görme duyusu da zayıflamıştı. Notlarını büyük harflerle yazıyordu ve gitmek istediği yere kızları götürüyordu. Gözünden geçirdiği bir ameliyattan sonra tekrar çalışabilir hatta araba kullanabilir duruma geldi. Otuz beş sene hiçbir koruyucu kullanmadan radyoaktif malzemeler ile çalışmanın, radyoaktif gaz solumanın ve savaş yıllarında röntgen ışınlarına maruz kalmanın bedelini ödüyordu. Bazı günler çalışamayacak kadar kötüleşiyordu.

Doktorlar Marie'nin hastalığının kaynağını bulamıyordu. Sağlığındaki bozulmanın tüberkülozdan kaynaklanıyor olabileceğini düşündüler. Daha sonra yapılan kan testleri bir tür kan hastalığı yaşadığını ortaya koymuştu fakat bunun nasıl bir hastalık olduğunu bilmiyorlardı. Geçirdiği hastalık büyük ihtimalle kanı etkileyen bir çeşit kanser olan lösemiydi ve buna radyasyon neden olmuştu.

Anne daha fazla dinlenmelisin.

KURŞUN PERDELER

Fransa Tıp Akademisi 1925 yılında radyumla uğraşan herkesin kan testi yaptırmasını ve kurşun perdeler kullanmasını önerdi. Marie öğrencilerinin ve çalışanlarının bütün önlemleri almaları konusunda ısrarcıydı fakat kendisi bu koruyucuları kullanmadı.

Radyoaktif malzemelerle uğraşırken giyilen koruyucu kurşun kıyafet.

SON GÜNLER

Marie 1934 yılının Mayıs ayında Radyum Enstitüsü laboratuvarından son defa çıktı. Durumu giderek kötüleşti. Doktorlar onun için bir şey yapamıyordu. 4 Haziran 1934'te kızı Eve başucundayken hayata veda etti.

İşte Bilim

Canlılar üzerindeki etkisi

Farklı ışınım türleri, insan da dâhil olmak üzere canlılar üzerinde farklı etkilere sahiptir. Dolayısıyla ortamda ne kadar ışınım bulunduğunu bilmek, bu ışınımın canlıları ne kadar etkileyeceği konusunda bir şey söylemez. Işınımın gerçek etkilerini ölçebiliyor olmak, ışınımdan insanları korumak söz konusu olduğunda çok önemlidir. Bu ölçümü yapabilmek için "sievert" denilen bir birim geliştirilmiştir.

YENİDEN DEFİN

Marie ve Pierre Curie 1995 yılında Fransa'nın en meşhur insanlarının yer aldığı mezarlık olan Paris'teki Pantheon'da yeniden defnedildiler.

Sözlük

Alfa parçacığı Bazı radyoaktif elementler tarafından yayılan bir çeşit parçacık. İki proton ve iki nötrondan meydana gelir.

Atom Bir elementin kimyasal tepkimede yer alabilen en küçük parçacığı.

Beta parçacığı Bazı radyoaktif elementler tarafından yayılan bir çeşit parçacık. Beta parçacığı, nötron bozunurken ve geriye proton bırakırken ortaya çıkan elektrondur.

Bozunma Radyoaktif bir çekirdeğin, parçacık ya da enerji dalgası yayarak başka bir çekirdeğe dönüşmesi ve yeni bir izotop oluşturmasıdır.

Çekirdek Bir atomun merkezindeki parça ya da parçacıklar.

Elektron Atomları meydana getiren üç parçacıktan biri. Elektronlar negatif yani eksi yüklüdür.

Element Bir maddenin, kimyasal tepkimede yer alabilen en basit formu.

Gama ışını Radyoaktif bir çekirdeğin radyo ya da ışık dalgası gibi dalga şeklinde yaydığı, ancak bunlardan çok daha kısa olan bir çeşit ışınım.

Işınım Radyoaktif bir cisim tarafından yayılan parçacık ya da dalga enerjisi. Radyo, ışık ve röntgen gibi dalgalara da ışınım denir.

İzotoplar Aynı elementin, çekirdeklerinde farklı sayıda nötron bulunan atomlardan oluşan farklı biçimleri.

Kanser Kontrolsüz çoğalan hücrelerin neden olduğu bir hastalıktır. Kanser, radyasyonun canlı hücreler üzerinde oluşturduğu zararlı etkiden kaynaklanabilir.

Laboratuvar Bilim insanlarının çalıştığı ve deney yaptığı yer.

Lösemi Kanı etkileyen bir çeşit kanser. Alyuvar sayısı düşerken giderek daha fazla sayıda akyuvar üretilir.

Nötron Atomları oluşturan üç parçacıktan biri. Nötronlar atomların çekirdeğinde bulunur. Bütün atomlarda nötron bulunmaz. Nötronun elektrik yükü yoktur. Nötron beta parçacığı yayarak protona dönüşebilir.

Polonyum Marie Curie tarafından uranyum cevherinde keşfedilen iki elementten biri.

Proton Atomları meydana getiren üç parçacıktan biri. Protonlar, atomların çekirdeklerinde bulunur. Protonlar pozitif yani artı yüklüdür.

Radyoaktivite Radyoaktif bir elementin alfa, beta ya da gama ışınları yayarak bozunması.

Röntgen (X) ışınları Hızla hareket eden elektronların sert bir malzemeye çarpmasıyla oluşan, radyo ve ışık dalgalarına benzeyen ancak onlardan çok daha kısa olan enerji dalgaları.

Transmutasyon Radyoaktif bozunma ile bir atomun başka bir atoma dönüşmesi.

Tümör Kontrolsüz bölünen ve çoğalan hücrelerin neden olduğu bir büyüme.

Uranyum cevheri Uranyum içeren bir çeşit kayaç. Marie Curie, bu cevherde radyum ve polonyum bulunduğunu keşfetti.

Yarı ömür Radyoaktif bir elementin atomlarının yarısının bozunması için geçen süre.

Dizin

A
alfa parçacığı 15, 21, 30
atom 7, 9, 11, 13, 21, 30

B
Becquerel, Henri 8, 18, 20
beta parçacığı 15, 21, 30

C
curie (ölçü birimi) 23

Ç
çekirdek 9, 11, 13, 15

D
Davy Madalyası 21
DNA 19

E
elektron 9, 11, 17, 25, 30
element 17, 21, 23, 27, 30
Ernest Rutherford 9

G
gama ışını 15, 30

H
Herbert Hoover 26
hidrojen 17

I
ışınım 14, 15, 19, 28

İ
ilaç 16
izotop 17, 30

K
kanser 18, 19, 30
Kraliyet Akademisi 21
Kraliyet Enstitüsü 20
kurşun iç çamaşırı 9

L
lösemi 28, 31

M
Marie Curie Radyum Kampanyası 26
Minik Curie'ler 24
Meloney, William Brown 26

N
Niels Bohr 11
Nobel Ödülü 20, 23
nötron 17

P
Pantheon 29
Paris Üniversitesi 22
Pastör Enstitüsü 22
polonyum 11, 23
protaktinyum 21
proton 17

R
radon 21
radyoaktif bozunma 13
radyoaktivite 11, 13, 22, 23
radyoterapi 18
radyum 11-14, 16-21, 23, 24, 26, 27, 29
Radyum Enstitüsü 22, 24, 26, 29
Röntgen, Wilhelm 8
Röntgen (X) ışınları 8, 9, 24, 25, 28

S
sievert (ölçü birimi) 29
Sorbonne 22

Ş
Şeref Madalyası 26

T
toryum 11, 21
transmutasyon 21
tüberküloz 28

U
uranyum 8, 10, 11, 14, 21
uranyum cevheri 11, 12, 13

W
Warren Harding 26

Y
yarı ömür 27, 30